Tiga Neya

Z. zanthoxyloides V. doniana P. curatellifolia germinação de sementes

Tiga Neya

Z. zanthoxyloides V. doniana P. curatellifolia germinação de sementes

ScienciaScripts

Imprint

Any brand names and product names mentioned in this book are subject to trademark, brand or patent protection and are trademarks or registered trademarks of their respective holders. The use of brand names, product names, common names, trade names, product descriptions etc. even without a particular marking in this work is in no way to be construed to mean that such names may be regarded as unrestricted in respect of trademark and brand protection legislation and could thus be used by anyone.

Cover image: www.ingimage.com

This book is a translation from the original published under ISBN 978-3-330-33180-8.

Publisher:
Sciencia Scripts
is a trademark of
Dodo Books Indian Ocean Ltd. and OmniScriptum S.R.L publishing group

120 High Road, East Finchley, London, N2 9ED, United Kingdom
Str. Armeneasca 28/1, office 1, Chisinau MD-2012, Republic of Moldova, Europe
Printed at: see last page
ISBN: 978-620-8-29998-9

RESUMO:

Nota

No Burkina Faso, foram estudadas as caraterísticas de germinação de três espécies nativas, nomeadamente *Parinari curatellifolia, Vitex doniana* e *Zanthoxylum zanthoxyloides*. O objetivo deste estudo era determinar o pré-tratamento e a temperatura adequados para obter a melhor percentagem de germinação para estas três espécies nativas. Para isso, as sementes foram armazenadas em diferentes temperaturas (15°C; 20°C; 25°C; 30°C; 35°C) e foram realizados 19 pré-tratamentos: imersão em água (x horas), fervura, cozimento (x minutos), imersão em ácido sulfúrico (x minutos), escarificação e descascamento. No teste de temperatura, apenas as sementes *de Parinaria curatelifolia* germinaram a 35°C com 13%. O pré-tratamento com ácido sulfúrico durante 60 minutos para as sementes *de Vitex doniana* e durante 5 minutos para as sementes de *Zanthoxylum zanthoxyloides* resultou nas taxas de germinação mais elevadas no laboratório, com 40% e 62%, respetivamente. Nenhum dos numerosos pré-tratamentos das sementes *de Parinari curatellifolia* resultou numa germinação bem sucedida. Enquanto as sementes *de Vitex doniana* e *Zanthoxylum zanthoxyloides* têm uma dormência física que pode ser superada por incisão química, as sementes *de Parinari curatellifolia* têm uma dormência mais profunda que pode ser fisiológica ou combinada (física e fisiológica).

INTRODUÇÃO

A conservação dos recursos vegetais em geral e das espécies arbóreas em particular, com vista ao desenvolvimento sustentável e à redução da pobreza, continua a ser uma grande preocupação para os decisores e as populações locais no Burkina Faso (Neya 2006). Tal como outros países do Sahel, o Burkina Faso tem sido confrontado, desde há várias décadas, com uma degradação progressiva dos seus ecossistemas naturais. Esta degradação, causada por variações climáticas, é exacerbada pelo crescimento exponencial de uma população com necessidades cada vez mais diversas (FAO 2003). Os recursos naturais sobre-explorados estão a tornar-se cada vez mais escassos, o que ilustra a importância das florestas e das árvores para a humanidade.

As plantações em grande escala, a domesticação das espécies autóctones, a gestão e a conservação das florestas naturais, a adesão aos programas e convenções nacionais e internacionais de conservação da biodiversidade, etc., são medidas que o Burkina Faso, tal como outros países do Sahel, está a tomar para fazer face às adversidades naturais. - Estas são todas as medidas que o Burkina Faso, tal como outros países do Sahel, está a tomar para enfrentar as adversidades naturais. No entanto, há que reconhecer que a plantação e a domesticação de espécies autóctones são dificultadas por constrangimentos sócio-culturais e pela falta de conhecimentos científicos sobre a ecologia da recuperação das espécies autóctones (Bationo, 2002). No Burkina Faso, a maioria das plantações baseia-se em plântulas cultivadas em viveiros (Gamene, 1987). Além disso, 90% da reflorestação artificial no Burkina Faso (BF) baseia-se geralmente em sementes de árvores florestais utilizadas quer como plântulas diretas quer como plantas silvícolas (Sacande, 1993). O sucesso da reflorestação com sementes requer um bom conhecimento da fisiologia do material vegetal utilizado. Além disso, um bom conhecimento da biologia, fisiologia, germinação e condições de armazenamento das sementes é um pré-requisito para o uso e desenvolvimento racional e sustentável de espécies nativas (Neya 1999).

Parinari curatellifolia, *Vitex doniana* e *Zanthoxylum zanthoxyloides* são espécies ameaçadas. Esta ameaça está relacionada com a diversidade das suas utilizações. Estas espécies são utilizadas numa variedade de domínios, incluindo a alimentação, o artesanato e a medicina tradicional. As raízes, a casca (tronco e raiz) e as folhas são utilizadas para tratar dores de estômago, hemorróidas, reumatismo, anemia falciforme, malária, gonorreia, hérnias, cáries dentárias, panaricite, picadas de cobra, etc. A casca de *Zanthoxylum zanthoxyloides* é um excelente vasodilatador. As propriedades terapêuticas da planta devem-se à sua riqueza em moléculas muito diversas (flavonóides, saponósidos, cumarinas, bases azotadas, alcalóides, triteropenóides, etc.) (Nacoulma, 1996).

Os frutos de *Vitex doniana* e *Parinari curatillifolia* são comestíveis e vendidos no mercado local (Adetoro et al. 2013). As folhas jovens de *Vitex doniana* são utilizadas como legumes durante a estação magra (Ouattara et al. 2013). As folhas, raízes e casca de *Parinari curatellifolia* e *Vitex doniana* são utilizadas na medicina tradicional (Arbonier 2002, Sanogo et al, 2009, Amegbor et al, 2012, Kranjac-Berisavljevic e Gandaa, 2013). *A Parinari curarellifolia*, em particular, parece ter um interesse socioeconómico excecional (Wala et al., 2009). De acordo com Hiene e Eckman (1993), citados por Boussim et al. (2004), a polpa de *Parinari curatellifolia* é comestível e pode ser transformada em compota, enquanto o óleo extraído das sementes é utilizado em vários sectores económicos (sabão, cosméticos, tintas, pinturas, etc.). *A Parinari curatellifolia e a Vitex doniana*, para além da comestibilidade dos seus frutos, são espécies agroflorestais de "alto nível" (Boussim et al., 2004 Yameogo, 2005, Faye et al. 2013). Estas espécies contribuem para a fertilização dos solos e para a produção de madeira e de lenha. O Burkina Faso estará numa "desvantagem inestimável" se a investigação não se concentrar na domesticação destas plantas (Boussim et al., 2004). Esta domesticação exige necessariamente o conhecimento da biologia das sementes destas espécies.

Por exemplo, os matagais *de Vitex doniana* e *de Zanthoxylum zanthoxyloides* desapareceram, com exceção de alguns agrupamentos com alguns metros de altura em certas regiões (específicas) do país. Estas espécies, que se reproduzem principalmente por semente, estão portanto ameaçadas. Para além disso, há muito pouca informação sobre as sementes destas espécies. Os trabalhos de Sanon et al (2004) sobre *Parinari curatellifolia* e *Zanthoxylum zanthoxyloides* mostraram que as taxas de germinação inicial de 0% e 2%, respetivamente, se devem principalmente à dormência e/ou imaturidade das sementes.

O objetivo deste estudo é determinar as caraterísticas de germinação destas espécies.

Em particular, era necessário determinar a temperatura e o pré-tratamento adequados para obter uma germinação óptima das sementes. A hipótese era que a maturidade dos frutos e a temperatura influenciam a germinação das sementes e que existe um pré-tratamento adequado para as sementes de cada espécie de árvore.

MATERIAIS E MÉTODOS

Material

As sementes das três espécies foram utilizadas no estudo (quadros 1, 2, 3).

Photo 1 Brown and hard green fruits (immature stage)

Photo 2 Oranges harvested (mature stage)

Photo 3 : Fruit brown picked (mature stage)

Photo 4: Seeds from fruits in the mature stage

Quadro 1: Fotografias de *frutos de Parinari curatellifolia* colhidos em diferentes estádios de maturação e de sementes obtidas de frutos maduros.

Quadro 2: Fotografias de frutos e sementes *de Vitex doniana* em diferentes estádios de maturação.

Quadro 3: Fotografias de frutos colhidos em diferentes estádios de maturação de *Zanthoxylum zanthoxyloides* e de sementes da espécie após acondicionamento.

3. Método

3.1- Teste de germinação

Os testes de germinação foram efectuados no laboratório do Centre national des semences d'arbres de Ouagadougou (CNSF). A germinação foi efectuada em areia de rio peneirada, esterilizada e humedecida. Para cada experiência, o número de réplicas e o número de sementes em cada réplica variou consoante a espécie. Para a

Parinari curatellifolia e *a Vitex doniana*, foram utilizadas duas (2) réplicas de vinte e cinco (25) sementes cada uma; para a *Zanthoxylum zanthoxyloides*, foram utilizadas duas (2) réplicas de cinquenta (50) sementes cada uma. Após a sementeira, as caixas de sementes foram hermeticamente fechadas para manter a humidade suficiente para a germinação. ^{0}Em seguida, foram armazenadas em bancos de germinação nas condições do laboratório do CNSF, a uma temperatura entre 25 e 30°C. As sementes foram então colocadas num tabuleiro de cultura.

Os ensaios de germinação foram efectuados de dois em dois dias. A duração média de cada ensaio foi de 6 meses para *Parinari curatellifolia* e *Vitex doniana* e de 2 meses para *Zanthoxylum zanthoxyloides*. No final de cada ensaio de germinação, todas as sementes não germinadas foram sistematicamente abertas para determinar o número de sementes podres/bolorentas, sementes duras e/ou amolecidas, sementes vazias e sementes infestadas. Estes dados foram tidos em conta no cálculo da percentagem de germinação da amostra de teste.

3.2- Determinação das caraterísticas e condições de germinação das sementes 3.2.2 Influência da temperatura na germinação

O objetivo desta parte do estudo era determinar a temperatura óptima para assegurar uma boa germinação (emergência rápida e uniforme de plântulas) das sementes de cada uma das três espécies. Assim, foram efectuados testes de germinação para as três espécies em incubadoras reguladas a diferentes temperaturas (15, 25, 30 e 35°C). As caixas contendo as plântulas foram envolvidas em sacos de plástico transparentes para evitar contaminação antes de serem colocadas nas diferentes temperaturas de germinação (foto 13). Para todos os testes, foram utilizadas três réplicas de dez sementes cada (3x10 sementes). Só foram utilizadas sementes de frutos maduros de cada espécie.

Foto 13: Vista do teste de germinação de *sementes de Zanthoxylum zanthoxyloides* numa incubadora com temperatura controlada

3.2.1- Ensaios comparativos de pré-tratamento

Por definição, entende-se por pré-tratamento um ou mais tratamentos efectuados antes, durante ou após o armazenamento, com o objetivo de levantar a dormência (Bellefontaine, 1993; Gamene, 1998).

As sementes de *Parinari curatellifolia*, tal como as de *Vitex doniana*, estão rodeadas por um endocarpo duro e fortemente esclerotizado. Pode presumir-se que têm um invólucro dormente. As sementes de *Zanthoxylum zanthoxyloides* são relativamente pequenas mas oleosas. Um elevado teor de óleo pode ter um efeito negativo na germinação das sementes. O objetivo dos ensaios comparativos de pré-tratamento era determinar o tratamento de sementes mais eficaz para estas três espécies, a fim de acelerar e melhorar a germinação e produzir plântulas uniformes. Os ensaios de pré-tratamento foram efectuados com lotes de sementes de frutos maduros de cada espécie. Foi dada especial atenção aos parâmetros do pré-tratamento, nomeadamente a duração do pré-tratamento, a quantidade de ácido utilizada (1/3 do volume das sementes) e o método de mistura das sementes no ácido, a fim de tornar os ensaios mais fiáveis. As sementes tratadas desta forma foram semeadas em três réplicas de dez sementes cada para *Vitex doniana* e *Parinari curatellifolia*; três réplicas de vinte e cinco (25) sementes cada para *Zanthoxylum zanthoxyloides*. Os pré-tratamentos foram selecionados com base na estrutura do revestimento das sementes e são, portanto, específicos para cada espécie. O quadro 1 abaixo mostra os pré-tratamentos utilizados para cada espécie.

Pretreatment	*Parinari curatellifolia*	*Vitex doniana*	*Zanthoxylum zanthoxyloides*
None/Witnesses	x	x	x
TE24H	x	x	x
TE48H	x	x	x
TE96H	x	-	-
Eb+TE 24H	x	x	x
Eb + TE 48H	x	x	x
C1mn + TE 24H	x	x	x
C5mn + TE 24H	x	x	x
C10mn +TE 24H	x	x	x
TA1mn +TE 24H	x	x	x
TA5mn +TE24H	x	x	x

TA10mn +TE24H	x	x	x
TA30mn + TE24H	x	x	x
TA60mn +TE24H	x	x	x
TA120mn +TE24H	x	-	-
TA5H+TE24H	x	-	-
TA24H +TE72H	x	-	-
scarification	x	x	x
Decorticating	-	x	-

- *TExH: Soaking in water x hours*
- *Eb: Scalding*
- *Cxmn: Cooking x minute (s)*
- *TAxmn: Soaking with sulfuric acid x minute (s)*

Quadro I: Lista de pré-tratamentos aplicados por espécie

Para além dos pré-tratamentos indicados no quadro (1), as sementes *de Vitex doniana* foram totalmente descascadas e germinadas em areia e ágar. Além disso, para *Zanthoxylum zanthoxyloides*, os testes de germinação em laboratório foram duplicados no viveiro para todos os pré-tratamentos aplicados.

Plate 4 : Photos of scarification and husking sessions of *P. curatellifolia*, *V. doniana* and *Z. zanthoxyloides* seeds

Photo 14 : Scarification of *P. curatellifolia*

Photo 15 : Scarification of *P. curatellifolia*

Photo 16 : Scalded of *P. curatellifolia* nuts

Photo 17 : Scarifying *Z. zanthoxyloides* Seeds to the Electric Burner

Photo 18 : Decorticating of *V. doniana* nuts

Photo 19 : Fully Shelled *V. doniana* Seeds

-RESULTADOS E DEBATES

4.1- Influência da temperatura na germinação das sementes

Para as três espécies estudadas, este estudo foi efectuado com sementes de frutos maduros. ^{0}Foram testadas cinco (5) temperaturas de germinação: 15, 20, 25, 30 e 35 C. Foram utilizadas incubadoras com temperatura controlada para atingir estas temperaturas de germinação. Os resultados são apresentados no quadro 2 (abaixo). É importante notar que as sementes das diferentes espécies não foram pré-tratadas antes da sementeira.

Tab.2: Germinação de sementes de especiarias em caso de mudança de temperatura

Temperature (°C)	Germination (%)		
	P.curatellifolia	*V.doniana*	*Z.zanthoxyloides*
15	0	0	0
20	0	0	0
25	0	0	0
30	0	0	0
35	13,33	0	0

Em todas as temperaturas testadas e para todas as espécies testadas, apenas as sementes *de Parinari curatellifolia germinaram* a 35°C. De 30 sementes semeadas, quatro germinaram 5 meses e 25 dias após a sementeira, o que corresponde a uma taxa de germinação de 13,33%. Para *Vitex doniana* e *Zanthoxylum zanthoxyloides*, a ausência de germinação não significa necessariamente que estas temperaturas não correspondem às temperaturas ópticas de germinação para estas espécies, pois estas duas espécies estão claramente dormentes. Do nosso ponto de vista, seria aconselhável levantar primeiro esta dormência, a fim de avaliar melhor os efeitos da temperatura na germinação das sementes.

É de lembrar que nem as sementes frescas nem as secas de *Parinari curatellifolia* germinaram durante o estudo da resistência das sementes desta espécie à dessecação. [0]A percentagem de germinação a 35°C (foto 20), embora baixa, indica uma temperatura de germinação provavelmente óptima para as sementes desta espécie, que pode ser diferente dos 20-30°C habitualmente utilizados para a germinação de sementes de árvores tropicais (Sacande et al., 2001, Gamene e Eriksen, 2004, Neya, 2006). Como não testámos temperaturas de germinação superiores a 35°C, é muito difícil concluir que a temperatura óptima de germinação para as sementes de Parinari curatellifolia é de 35°C. No entanto, este resultado não invalida a suspeita da existência de dormência fisiológica nas sementes desta espécie, que é reforçada pela exposição ao calor húmido.

Foto 20: Rebentos jovens de *Parinari curatellifolia* durante a germinação a 35 o C

4.2- Ensaios comparativos de pré-tratamento

No total, foram testados dezanove pré-tratamentos diferentes nas sementes das três espécies estudadas. No entanto, o número de pré-tratamentos variou de uma espécie para outra. Recorde-se que esta parte do estudo foi efectuada sobre sementes de frutos maduros de cada uma das três espécies. *Parinari curatellifolia* Dezoito pré-tratamentos foram testados sobre as sementes desta espécie. Dos dezoito tratamentos, apenas a escarificação mecânica seis (6) meses após a sementeira resultou em 2% de germinação. Os outros sete pré-tratamentos não deram origem a qualquer germinação. É preciso lembrar que os testes foram efectuados com sementes recém preparadas. Este resultado mostra que a fraca germinação das sementes secas *de Parinari curatellifolia* não está relacionada com a secagem. Na nossa opinião, este facto apoia a hipótese da dormência. Esta dormência poderia ser tegumentar, pois ela pode ser levantada pela escarificação, mesmo se a germinação permanecer fraca.

Estes resultados podem ser explicados, por um lado, pelo aumento da dormência devido à espessura da casca. As sementes *de Parinari curatellifolia* são constituídas por um ou dois frutos (placa 5, foto 1) rodeados por uma casca muito dura, coberta por um invólucro interior peludo (placa 5, foto 2). Esta dupla proteção pode atrasar a hidratação do embrião e, consequentemente, a formação dos cotilédones.
Estes resultados são comparáveis aos obtidos por Sanon et al (2004) com sementes da mesma espécie. Estes últimos concluíram que as sementes *de Parinari curatellifolia* não germinam nem no estado

fresco nem no estado seco, encontrando-se portanto em dormência profunda e severa.

Photo 21 : Coupe longitudinale d'une noix *de P. curatellifolia.*

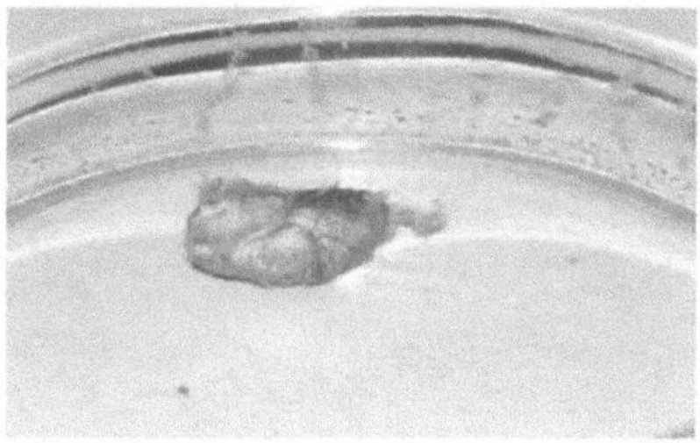

Photo 22: Amende extraite de la noix de *P. curatellifolia*

Quadro 5: Fotografias longitudinais da semente e da noz de *Parinari curatellifolia*

4.2.2- *Vitex Don*

As sementes de Vitex doniana foram tratadas por quinze métodos diferentes de pré-tratamento. A taxa de germinação foi zero para todos os pré-tratamentos, exceto três. Os resultados desses três pré-tratamentos são mostrados na Figura 1 abaixo.

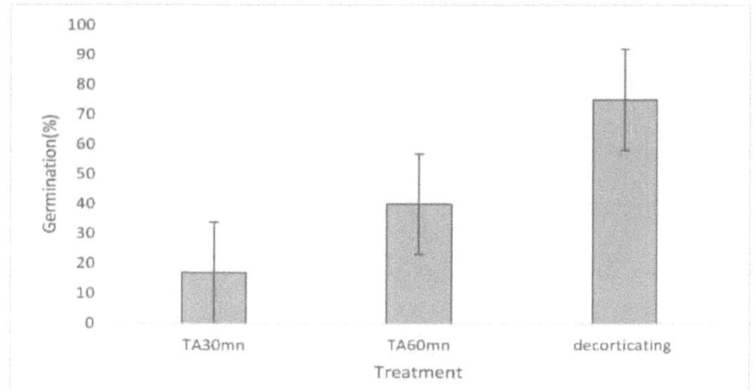

Figura 1: Germinação das *sementes de Don vitex* em função do tipo de pré-tratamento

O pré-tratamento que permitiu a germinação das sementes foi a imersão em ácido durante 30 e 60 minutos e a pulverização completa com taxas de germinação correspondentes 17 ;

40 и 75%. Isto indica que as sementes *de Vitex doniana* têm um tipo de dormência tegumentar, que se deve provavelmente à espessura do invólucro que protege a semente. O ácido sulfúrico concentrado (97%) destrói o invólucro, facilitando a germinação dos cotilédones e desencadeando o processo de germinação. A remoção da casca da semente aumenta tanto a taxa de germinação como a percentagem de germinação. De facto, dois dias após a sementeira, as sementes descascadas atingiram uma taxa de germinação de apenas 75%. Este método pode, portanto, ser recomendado para uma emergência rápida e uniforme *de* plântulas *de Vitex doniana*. Os nossos resultados são semelhantes aos de Neya et al (2008), que descreveram o mecanismo de stress germinativo desencadeado pelo endocarpo das *sementes de Lannea microcarpa*.

4.2.3- *Zanthoxylum zanthoxyloides*

Devido ao tamanho e à estrutura das sementes desta espécie, os tratamentos ácidos foram limitados a uma duração máxima de 10 minutos. No total, foram efectuados catorze pré-tratamentos diferentes nas sementes desta espécie. Dos catorze pré-tratamentos testados, apenas cinco tiveram um efeito positivo na germinação das sementes. Estes incluíram : TE 24H e TE48H, TA1mn, TA5mn e TA10mn. Os resultados obtidos são apresentados na figura 2 abaixo. É de lembrar que, nesta espécie, as plântulas cultivadas no laboratório foram reproduzidas no viveiro.

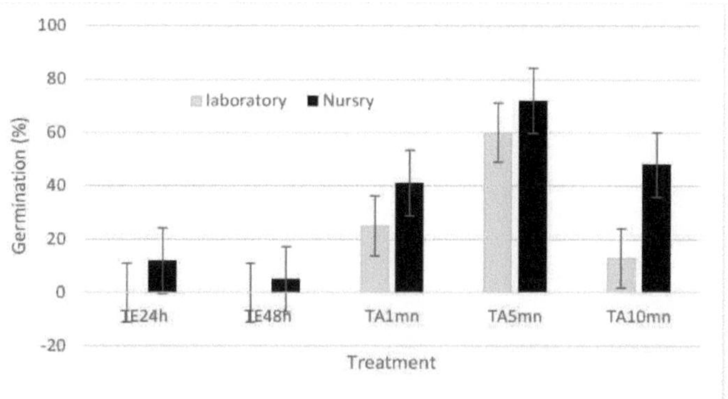

Figura 2: Percentagem de germinação de *Zanthoxylum zanthoxyloides* em função do tipo de pré-tratamento e do local de sementeira

Como se pode ver na Figura 6, as sementes embebidas em água durante 24 e 48 horas germinaram a 12% e 5%, respetivamente, nos viveiros. As mesmas sementes, semeadas no laboratório, não germinaram dois meses após a semeadura. O tratamento ácido parece ser o que mais melhora a germinação das sementes de *Zanthoxylum zanthoxyloides*. As percentagens de germinação obtidas em laboratório foram de 25%, 62% e 13%, respetivamente, para sementes embebidas em ácido durante um, cinco e dez minutos. As mesmas sementes semeadas no viveiro apresentaram germinação de 41%, 72% e 48%. Como se pode ver na placa 6, as sementes de *Zanthoxylum zanthoxyloides* germinaram melhor no viveiro do que no laboratório. Esta clara melhoria da germinação das sementes no viveiro pode dever-se à diferença de substrato. De facto, as plântulas do viveiro foram semeadas num substrato composto por uma mistura de solo, areia e estrume numa proporção de 3,1 para 1.

Photo 23: Seeding device in the shade

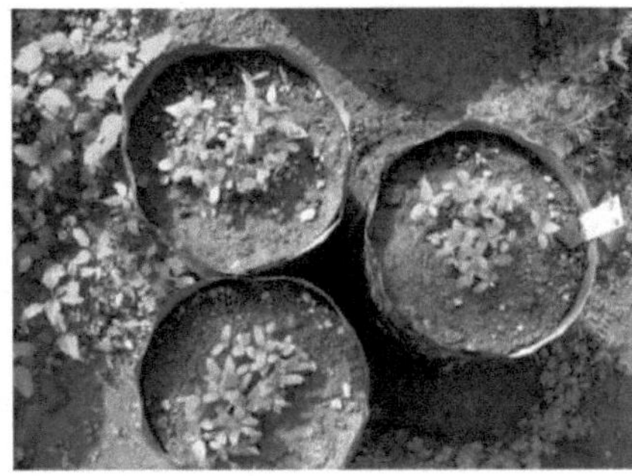

Photo 24: Germination of acid pretreated seeds after 38 days of seeding in nursery

Photo 25 : Young shoots of Zanthoxvlum after 36 davs of

Photo 26 : Vegetative state of a few germinated feet

Quadro 6: Plantas *de Zanthoxylum zanthoxyloides* no viveiro e no laboratório

Este teste mostra que a imersão em ácido e a simples imersão em água durante um certo período de tempo são ambos processos que podem despoletar a germinação de *sementes de Zanthoxylum zanthoxyloides*. Isto significa que a dormência prevista pelo teste de resistência à dessecação pode ser holística. Estes resultados contradizem os de Sanon et al (2004), que concluíram que a baixa taxa de germinação das *sementes de Zanthoxylum zanthoxyloides* sob dessecação se deve à dormência fisiológica e que as sementes devem ser mantidas a uma temperatura de 4% para atingir uma taxa de germinação de cerca de 37%.

^{0} C. e durante 9 meses. Pode presumir-se que o tratamento de sementes com ácido sulfúrico concentrado durante 5 a 10 minutos pode ser adequado para a emergência rápida e uniforme de plântulas *de Zanthoxylum* zanthoxyloides. No entanto, o estudo poderia ser continuado considerando um intervalo de tempo entre 1 e 10 minutos, a fim de determinar com mais precisão o pré-tratamento de sementes mais eficaz para esta espécie.

CONCLUSÃO

Para concluir esta parte do nosso estudo, podemos tirar as seguintes conclusões: As sementes *de Parinari curatellifolia* germinam melhor a 35°C do que a 20-30°C, a temperatura frequentemente recomendada para a germinação de sementes de espécies tropicais. Esta temperatura pode ser considerada como a temperatura óptima para a germinação das sementes desta espécie. As sementes frescas das três espécies estudadas não germinaram, pelo que as sementes de Vitex doniana e de *Zanthoxylum zanthoxyloides* não germinaram no intervalo de temperatura de 15-35 o C. No entanto, se forem pré-tratadas, nomeadamente por escarificação física ou acidificação, a germinação melhora significativamente. No caso das sementes *de Parinari curatellifolia,* a capacidade germinativa manteve-se nula mesmo após o desprendimento mecânico. Podemos, portanto, afirmar que as sementes *de Vitex doniana* e *Zanthoxylum zanthoxyloides* são completamente dormentes, enquanto as sementes *de Parinari curatellifolia* são fisiologicamente dormentes, mesmo quando combinadas (física e fisiologicamente).

Capítulo 2: Resistência à dessecação das sementes de *Parinari curatellifolia planch. ex benth, Vitex doniana sweet* e *Zanthoxylum zanthoxyloides (lam) waterman.*

RESUMO

Foi estudada a tolerância à secagem das sementes de *Parinari curatellifolia, Vitex doniana* e *Zanthoxylum zanthoxyloides*, utilizando o método de classificação direta e indireta das sementes. Nenhum dos líquidos das sementes das 3 espécies germinou, independentemente do estádio de maturação dos frutos considerado neste estudo. Após embebição a -5% de humidade em água, as sementes de *Vitex doniana* e *Zanthoxylum zanthoxyloides* apresentaram diferentes percentagens de germinação. Para *Vitex doniana*, foram obtidos os seguintes valores: 4% para as sementes do fruto ápice, 2% para as sementes do fruto intermediário e 36% para as sementes do fruto pântano. Enquanto isso, em *Zanthoxylum zanthoxyloides*, o número de fêmeas de moscas-das-frutas chegou a 3%. Em *Parinari curatellifolia*, nenhuma semente germinou após a secreção. A fraca germinação destas espécies impediu-nos de classificar as suas sementes. As isotérmicas de absorção de água das sementes mostraram que estas devem ser armazenadas ao ar livre, num ambiente com uma humidade relativa entre 10 e 14% para *Parinari curatellifolia* e *Vitex doniana*, e entre 10 e 65% para *Zanthoxylum zanthoxyloides*, de forma a atingir uma humidade de 5% para um armazenamento a longo prazo.

Palavras chave: *Parinari curatellifolia, Vitex doniana, Zanthoxylum zanthoxyloides*. Tolerância à febre e Burkina Faso,

RESUMO

A resistência das sementes de *Parinari curatellifolia, Vitex doniana* e *Zanthoxylum zanthoxyloides* à dessecação foi estudada pelo método de classificação direta e indireta das sementes. As sementes frescas das três espécies, independentemente do estado de maturação dos frutos de que provêm, não germinaram. Após secagem até um teor de humidade de -5%, as sementes *de Vitex doniana* semeadas sem pré-tratamento germinaram a 4%, 2% e 36%, respetivamente, se obtidas de frutos verdes, intermédios e maduros (pretos), enquanto que apenas as sementes *de Zanthoxylum zanthoxyloides* obtidas de frutos maduros germinaram a 3%. Assim como para as sementes frescas, não foi observada germinação para as sementes secas de *Parinari curatellifolia*, independentemente do estágio de maturação do fruto do qual as sementes foram extraídas. Esta complexidade do comportamento germinativo das sementes das três espécies não permitiu tirar conclusões sobre a categoria das sementes. O estudo das isotérmicas de absorção de água das sementes mostrou que estas deviam ser secas a frio, com uma humidade relativa entre 10 e 14% para as sementes *de Parinari curatellifolia* e *Vitex doniana*, e entre 10 e 65% para as sementes de *Zanthoxylum zanthoxyloides*, a fim de atingir um teor de humidade de 5% para o armazenamento a longo prazo das sementes.

Palavras-chave : Burkina Faso, tolerância à dessecação, *Parinari*

curatellifolia , Vitex doniana, Zanthoxylum zanthoxyloides.

INTRODUÇÃO

Os ecossistemas naturais do Burkina Faso têm vindo a deteriorar-se de forma constante desde há várias décadas (Neya 2006). Esta degradação, causada por riscos climáticos, é exacerbada pelo crescimento da população e o consequente aumento das necessidades (FAO 2003). Os recursos naturais sobre-explorados estão a tornar-se cada vez mais escassos, o que é indicativo do interesse do homem pelas florestas e pela madeira para satisfazer as suas necessidades. A domesticação de espécies autóctones, a gestão e a conservação das florestas naturais, o cumprimento dos programas e convenções nacionais e internacionais de conservação da biodiversidade, etc., são apenas algumas das medidas adoptadas pela UE para proteger a biodiversidade. - são apenas algumas das medidas adoptadas pelo Burkina Faso para fazer face às adversidades naturais. No entanto, a plantação e a domesticação de espécies nativas são dificultadas por condicionalismos socioculturais e por um conhecimento científico insuficiente da ecologia da sua recuperação (Bationo, 2002). No Burkina Faso, a maioria das plantações baseia-se em plântulas cultivadas em viveiros (Gamene, 1987). Além disso, 90% das plantações artificiais baseiam-se geralmente em sementes florestais, utilizadas quer por sementeira direta quer sob a forma de culturas florestais (Sacande, 1993). O sucesso de uma reflorestação baseada em qualquer uma destas sementes requer um bom conhecimento da fisiologia do material de plantação. Além disso, um bom conhecimento da biologia, fisiologia, germinação e condições de conservação das sementes é um pré-requisito para o uso e desenvolvimento racional e sustentável das espécies nativas (Neya, 2006).

Parinari curatellifolia, Vitex doniana e *Zanthoxylum zanthoxyloides* são espécies ameaçadas de extinção devido à diversidade das suas utilizações. Estas espécies são utilizadas numa variedade de domínios, incluindo a alimentação, o artesanato e a medicina tradicional. As raízes, a casca (tronco e raiz) e as folhas são utilizadas para tratar problemas de estômago, hemorróidas, reumatismo, anemia falciforme, malária, gonorreia, hérnias, cáries, panaricite, picadas de cobra, etc. A casca de *Zanthoxylum zanthoxyloides* é um excelente vasodilatador e é utilizada no tratamento da anemia falciforme. As propriedades terapêuticas desta planta devem-se à sua riqueza em várias moléculas (flavonóides, saponósidos, cumarinas, bases azotadas, alcalóides, triteropenóides, etc.) (IRSS 2015) (IRSS 2015). Os frutos de algumas espécies de Vitex doniana e Parinari curatillifolia são comestíveis e vendidos localmente (Adetoro et al. 2013). As folhas jovens de Vitex doniana são utilizadas como legumes durante a estação magra (Ouattara et al. 2013). As folhas, raízes e casca de *Parinari curatellifolia* e *Vitex doniana* são utilizadas na medicina tradicional (Sanogo et al, 2009, Amegbor et al, 2012, Kranjac-Berisavljevic e Gandaa, 2013). A Parinari curarellifolia, em particular, parece ter um interesse socioeconómico excecional (Wala et al., 2009; Oladele, 2011). De acordo com Hiene e Eckman (1993), citados por Boussim et al. (2004), a polpa de *Parinari curatellifolia* é comestível e pode ser transformada em compota, enquanto o óleo extraído das sementes é utilizado em muitos sectores industriais, como sabão, cosméticos, tintas, etc. ..... Para além da comestibilidade dos seus frutos, *a Parinari curatellifolia* é uma espécie agroflorestal de "alto nível" (Boussim et al., 2004 Yameogo, 2005, Faye et al. 2013). Estas espécies contribuem para a fertilização dos solos e para a produção de madeira e de lenha. O Burkina Faso "sofrerá uma perda inestimável" se *não* for efectuada uma investigação sobre a domesticação da *Parinari curatellifolia* (Boussim et al., 2004). Esta domesticação implica necessariamente o conhecimento da biologia das sementes. Por outro lado, não existem populações de *Vitex doniana e Zanthoxylum* zanthoxyloides, com exceção de alguns metros em cada sítio e em certas regiões (específicas) do país. Por conseguinte, estas espécies, que se reproduzem principalmente por semente, são consideradas ameaçadas. Além disso, as informações sobre as suas sementes são muito escassas. Os trabalhos de Sanon et al (2004) sobre *Parinari curatellifolia* e *Zanthoxylum zanthoxyloides* revelaram taxas de germinação muito baixas.

I MATERIAIS E MÉTODOS

1.1 Materiais

Para *P. curatellifolia*, foram utilizadas sementes de frutos verdes-castanhos firmes, frutos colhidos alaranjados e frutos castanhos. Para

V. doniana, foram utilizadas sementes de frutos verdes, amarelos e pretos, enquanto para *Zanthoxylum zanthoxyloides* foram utilizadas sementes de frutos verdes, vermelhos e vermelhos.

1.2 Método

1.2.1 Tratamento de sementes

Os frutos acabados de colher foram preparados logo que chegaram ao laboratório do CNSF. Os diferentes lotes de frutos acima referidos foram preparados separadamente para cada espécie. Para *Parinari curatellifolia e Vitex doniana*, os frutos foram esmagados manualmente para extrair as sementes. Após a trituração, as sementes foram misturadas com areia de rio peneirada. Em seguida, as sementes foram polidas com uma serra e uma lixa para remover eventuais fibras.

As sementes de *Zanthoxylum zanthoxyloides* foram extraídas por descasque simples. Os frutos verdes e intermédios foram deixados à sombra durante algumas horas para que as cápsulas se abrissem antes de serem descascados, enquanto os frutos maduros foram colhidos logo que se abriram. Categorização das sementes das três espécies. O objetivo desta experiência era determinar se cada uma das três espécies pertencia a uma categoria específica. Foram realizados dois testes diferentes: um teste direto e um teste indireto. Verificou-se que o tamanho e a morfologia das sementes dão uma boa indicação da sensibilidade das sementes à dessecação (Pritchard et al., 2004). A maior parte das sementes sensíveis à dessecação são grandes e têm um revestimento fino. Por conseguinte, o teste indireto de categorização das sementes pode prever a tolerância das sementes de cada espécie à dessecação. O teste direto de tolerância à dessecação consiste em comparar a germinação de sementes de um mesmo lote com um teor de humidade diferente. Este teste permitirá confirmar ou refutar os resultados desta previsão.

1.2.2 Teste de categorização direta

$$TE\ (\%) = (Pom\text{-}Pim)\ /\ Pom\ x\ 100$$

With:

- P_{om} = average weight of wet seeds;
- P*im* = average weight of dried seeds.

Trata-se de determinar o teor de humidade das sementes. Teor de água das sementes (Te)

pode ser definido como a relação entre a quantidade de água contida na semente e a matéria seca. No entanto, o teor de humidade das sementes maduras é geralmente um indicador valioso da classe a que podem pertencer. Varia de uma espécie para outra. A determinação do teor de humidade das sementes foi efectuada de acordo com as regras da International Seed Testing Association (ISTA). Para as três espécies, o teste foi efectuado em três lotes de sementes provenientes de lotes de frutos previamente determinados. Para cada teste, foram utilizadas três réplicas de cinco sementes. [0]O método consistiu na pesagem das amostras de sementes antes e depois da secagem em estufa a 103 C durante dezassete (17) horas (ISTA, 2007). Após a secagem em estufa e antes da segunda pesagem, as sementes foram arrefecidas num exsicador com sílica gel anidra durante quarenta e cinco (45) minutos. O teor de humidade das sementes foi calculado através da seguinte fórmula: A conservação são os dois principais factores a ter em conta no processo de secagem. Estes dois factores determinam a taxa de secagem ou o grau de secagem das sementes e o teor de humidade final das sementes.   teor de humidade das sementes.

No presente estudo, as sementes foram secas nas condições ambientais do laboratório do CNSF. [0]Nestas condições, a temperatura situou-se entre 25 e 35°C e a humidade relativa entre 35 e 40%. Amostras de sementes de cada lote de cada uma das três espécies foram retiradas em intervalos de três dias durante 21 dias para testes de germinação. O objetivo destes testes era investigar o efeito da redução do teor de humidade na viabilidade das sementes. As sementes restantes foram colocadas numa incubadora a 15°C e 15% de humidade relativa para reduzir o teor de água. Para os testes de germinação, foram utilizadas duas repetições de vinte e cinco sementes de cada lote de *Parinari curatellifolia e Vitex doniana*, bem como duas repetições de cinquenta sementes para os lotes *de Zanthoxylum zanthoxyloides*.

1.2.3 Determinação das isotérmicas de absorção de água

Quando as sementes são armazenadas num determinado ambiente, absorvem ou perdem água até que o seu potencial hídrico atinja o equilíbrio com o ar ambiente. Esta relação entre o teor de humidade das sementes e a humidade relativa (HR) pode ser utilizada para controlar o teor de humidade das sementes durante a secagem e para acompanhar a sua evolução durante o armazenamento. De acordo com Probert et al (2003), os instrumentos de medição da humidade relativa melhoraram consideravelmente, pelo que este método é atualmente utilizado nos bancos de sementes modernos para controlar o teor de humidade das sementes. Segundo Probert (2003), a forma das curvas de isoterma de água varia: de uma espécie para outra (devido a diferenças interespecíficas na composição química), muitas vezes entre lotes de sementes da mesma espécie colhidas em diferentes estágios de desenvolvimento (indicando uma mudança na composição das sementes), em função da temperatura (devido a mudanças na umidade relativa do meio em função da temperatura). No presente estudo, apenas as sementes do estádio de fruto maduro de cada espécie foram utilizadas para determinar as isotermas de absorção de água, uma vez que não foram extraídas sementes suficientes dos outros estádios de maturação. Para as sementes de cada espécie, foram preparadas sete (7) soluções com diferentes concentrações de cloreto de lítio, produzindo diferentes humidades relativas, e cada solução foi colocada num recipiente fechado. O teor de humidade e a percentagem de germinação das sementes de cada espécie foram determinados antes de serem expostas às diferentes humidades relativas. Para testar o teor de humidade, foram colocadas dez (10) sementes ou dois (2) lotes replicados de cinco (5) sementes em cada um de sete recipientes contendo diferentes soluções de cloreto de lítio. Em seguida, cada recipiente foi hermeticamente fechado e armazenado até se estabelecer um equilíbrio entre o teor de água das sementes e a humidade relativa do meio. A pesagem regular das sementes (no nosso caso, após uma semana) permitiu atingir esse equilíbrio (o equilíbrio é atingido quando o peso da amostra não se altera entre duas pesagens sucessivas). Nesta fase, as sementes são submetidas a um teste de teor de água. Em seguida, foi traçada a curva isotérmica de absorção de água pelas sementes de cada espécie, utilizando o programa Sigma-Plot, que consiste em projetar os valores de teor de água das diferentes amostras sobre os valores de humidade relativa dos respectivos meios.

Quadro 1: Humidade relativa utilizada para determinar a isotérmica de absorção de água pelas sementes das três espécies estudadas.

Species	relatives Humidity (%)						
Parinari curatellifolia	10.4	14.7	30.6	43.5	60.4	74.1	89.3
Vitex doniana	10.5	15.3	31.3	44.9	59.4	73.6	89.1
Zanthoxylum zanthoxyloides	10.5	14.8	30.5	39.6	56.3	71.3	88.2

A curva de absorção padrão isotérmica tem uma forma sigmoidal. Compreende três (3) zonas, da esquerda para a direita, que correspondem a diferentes estados hídricos das sementes e a diferentes actividades fisiológicas: Zona I: corresponde à zona de fraca atividade fisiológica, qualquer que seja a sua natureza. As sementes desta zona encontram-se num estado quase adormecido. A água contida nas sementes desta zona é difícil de "eliminar". Zona II: as sementes contêm água fracamente ligada. Podem ocorrer processos de envelhecimento. Quanto mais elevada for a humidade relativa equilibrada, maiores serão os danos causados às sementes. Zona III:

corresponde à zona de metabolismo normal. Se o ambiente contiver oxigénio suficiente, os danos causados pela senescência podem ser eliminados. As sementes ortodoxas toleram a retirada de água nas zonas II e III. As sementes não ortodoxas morrerão se a água for retirada na zona III. Para as sementes intermédias, a água pode ser retirada da zona III, mas começam a morrer se a água for retirada da zona II.

II Resultados e discussão

2.1 Resistência à dessecação das sementes

2.1.1 *Parinari curatellifolia*

As sementes *de Parinari curatellifolia* foram secas em condições ambientais no laboratório do CNSF durante 18 dias. ^{0}As outras sementes foram secas a frio numa incubadora (15% de humidade relativa, 15°C) até um teor de humidade de 4%. A figura 1 mostra a variação do teor de humidade das diferentes sementes durante a secagem. Com teores de humidade iniciais de 26,5, 23% e 25,6%, respetivamente, para as sementes de frutos verdes, castanhos e duros, frutos castanhos colhidos nas árvores e frutos castanhos colhidos debaixo das árvores, as sementes atingiram um teor de humidade de cerca de 12% após 6 dias de secagem e depois flutuaram entre os dias 12 e 18. Quando estes diferentes lotes de sementes foram secos numa incubadora (15 o C e 15% de humidade relativa), atingiram um teor de humidade de cerca de 4% após 21 dias de secagem.

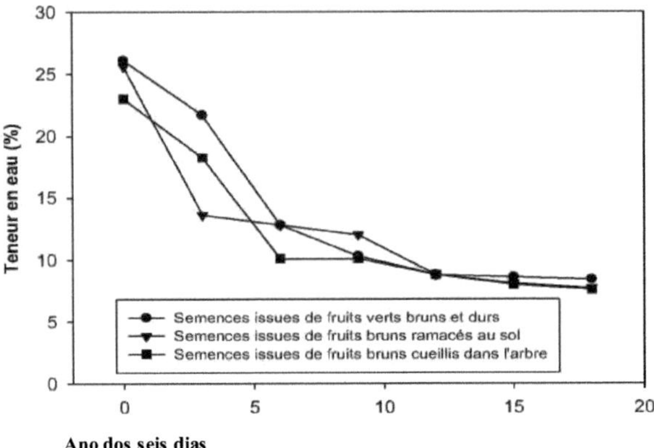

Figura 1: Variação do teor de humidade das *sementes de Parinari curatellifolia* ao longo do tempo durante a secagem em condições laboratoriais.

Os testes de germinação em amostras de sementes secas deram resultados nulos, para sementes de todos os estádios de maturação dos frutos considerados neste estudo. As próprias sementes frescas não germinaram; a não germinação das sementes secas não pode ser atribuída aos efeitos nocivos da secagem. Estes resultados podem ser explicados pelas seguintes causas: dormência, ou seja, o invólucro das sementes é impermeável à água e o embrião não é, portanto, suficientemente impregnado de água durante os ensaios de germinação; ou o invólucro das sementes é muito duro e o embrião não o penetra; dormência fisiológica, que pode ser causada por uma substância que inibe a germinação no invólucro ou no embrião. Estes resultados são comparáveis aos obtidos por Sanon et al (2004) com sementes da mesma espécie, que obtiveram germinação nula e concluíram que as sementes *de Parinari curatellifolia* não germinam nem no estado fresco nem no estado seco; trata-se, portanto, de um caso de dormência profunda e severa.

Um estudo semelhante efectuado no Mali com sementes *de Parinari curatellifolia* mostrou que apenas duas sementes de 400 semeadas germinaram seis meses após a sementeira (Soungalo, comunicação pessoal 2008). Para as sementes de *Parkia javanica*, foi demonstrado que a germinação ocorre em intervalos que variam de uma semana a dois anos (Bellefontaine, 1993). Isso significa que o processo de germinação começa uma semana após a semeadura e termina dois anos após a semeadura. É possível que as sementes *de Parinari curatellifolia* tenham a mesma taxa de germinação que as *de Parkia javanica,* razão pela qual não se observou qualquer germinação 6 meses após a sementeira. Tendo em conta os resultados dos testes de atribuição direta e indireta, é difícil, nesta fase, tomar uma decisão sobre a categoria de sementes de *Parinari curatellifolia.* Seria mais adequado efetuar estudos mais precisos para determinar a natureza da dormência das sementes desta espécie e, em seguida, identificar métodos para eliminar esta dormência antes de considerar estudos sobre a categorização das sementes desta espécie.

2.1.2 *Vitex Don*

Na colheita, o teor de água das sementes *de Vitex doniana* era de 30,4, 26,5 e 25,6%, respetivamente para as sementes de frutos verdes, amarelos e verdes. Estes valores aumentaram para cerca de 10% para as sementes de frutos em três estádios de maturação após apenas três dias de secagem (fig. 2). Entre o 12º e o 18º dia de secagem, estes valores estabilizaram-se em cerca de 7%. O teor de água das sementes *de Vitex doniana* varia rapidamente em condições de laboratório.

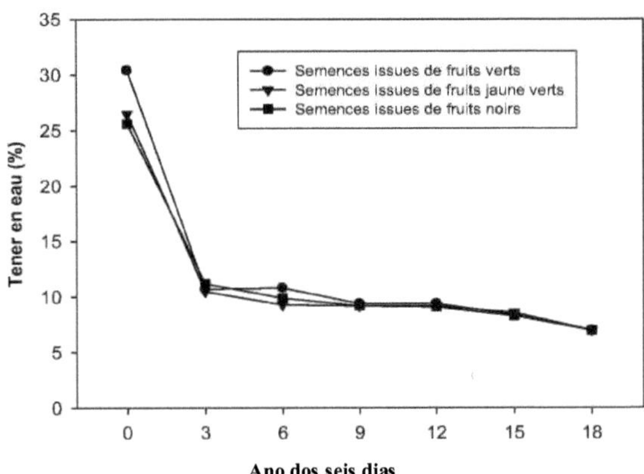

Figura 2: Dinâmica da variação do teor de água em sementes *de Vitex doniana* durante a secagem em condições de laboratório.

Os testes de germinação efectuados em sementes frescas e secas revelaram taxas de germinação muito baixas, entre 2 e 6 por cento. De facto, as sementes frescas não germinam. Após a secagem até um teor de humidade de, aproximadamente, 10%, a taxa de germinação das sementes de frutos verdes e pretos foi de 2%, enquanto que nenhuma das sementes de frutos verde-amarelos germinou. Com um teor de água de 7%, a taxa de germinação das sementes de frutos verdes foi de 4% e a das sementes de frutos intermédios foi de 6%. Com um teor de água de 4,4%, a taxa de germinação foi de 4, 2 e 36%, respetivamente, para as sementes extraídas de frutos verdes, amarelos e verdes. Estas baixas taxas de germinação podem ser atribuídas à dormência do revestimento da semente, ou seja, o revestimento da semente impede a germinação da semente ou a oxigenação adequada do embrião. Estas duas condições fazem parte da "condição prévia" para a germinação das sementes. Comeau (1993) chegou a resultados semelhantes para as sementes de girassol. Este trabalho mostrou que as sementes de girassol recém-colhidas apresentam uma dormência embrionária que as impede de germinar. No entanto, esta dormência desaparece gradualmente quando as sementes são armazenadas secas em condições ambientais. O ligeiro aumento da percentagem de germinação das sementes de frutos verdes pode ser atribuído ao aumento da maturidade durante a secagem. Resultados semelhantes foram obtidos por Neya (1999) com sementes *de Azacdirachta indica* obtidas de frutos verdes da espécie. Taxas de germinação de 4, 2 e 36% obtidas após a secagem a um teor de umidade de 4,4% para sementes de frutos imaturos, meio maduros e maduros, respetivamente, indicam que as sementes *de Vitex doniana* são tolerantes à dessecação. Em geral, a secagem parece ter um efeito positivo na germinação de sementes nos frutos nos estágios de maturidade examinados neste estudo, embora a germinação seja lenta e fraca. Por um lado, pode deduzir-se que as sementes dos três estádios de maturação dos frutos examinados neste estudo atingiram a maturidade fisiológica e, por outro lado, o baixo teor de água estimula a germinação das sementes dos frutos dos três estádios de maturação examinados neste estudo. O efeito da secagem na germinação é sempre mínimo em relação às taxas de germinação obtidas. No entanto, como no caso das sementes *de Parinari curatellifolia*, não se pode excluir a influência de uma dormência mais ou menos profunda.

2.1.3 *Zanthoxylum zanthoxyloides*

O teor de água inicial das sementes era de 13,2, 12,7 e 10,6%, respetivamente. Frutos verdes, frutos verdes vermelhos e frutos vermelhos. Isto indica que as sementes desta espécie têm um teor de água bastante baixo aquando da colheita. Para as sementes dos três estádios de maturação dos frutos considerados neste estudo, o teor de água após 18 dias de secagem era de aproximadamente
5% (FIG. 3). Para as sementes das culturas verdes e intermédias (vermelho-verde), a percentagem de germinação foi nula. Para as sementes destes tipos de frutos, a secagem não parece ter qualquer influência sobre a germinação. Este facto sugere que, nestes estádios de maturação, as sementes não contêm reservas nutritivas suficientes para assegurar a germinação. De facto, Sacande et al (1996) e Neya (1999), sobre os efeitos do estádio de maturação dos frutos de nim na resistência das sementes à dessecação, concluíram que o estádio de maturação dos frutos determina a qualidade fisiológica das sementes de nim. A viabilidade das sementes também depende do seu estado de maturação no momento da recolha. Segundo o autor, as sementes imaturas têm uma baixa capacidade de germinação, que diminui mais rapidamente do que a das sementes maduras.

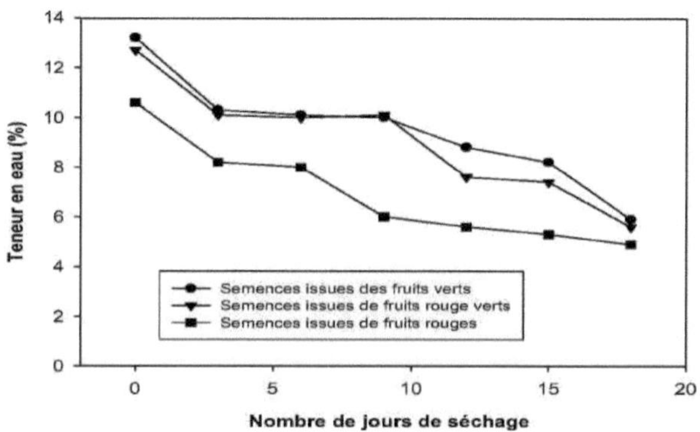

Figura 3: Alterações no teor de água das sementes de *Zanthoxylum zanthoxyloides* ao longo do tempo durante a secagem in vitro.

As sementes de frutos acabados de amadurecer (10% de humidade) germinaram com uma baixa percentagem de 2%. Esta percentagem quase nula foi mantida até um teor de humidade de cerca de 7%, depois aumentou ligeiramente para 3% a um teor de humidade de 5%. Para as sementes obtidas de frutos neste estado de maturação, o efeito da secagem sobre a germinação foi também quase nulo. Os nossos resultados são comparáveis aos de Sanon et al (2004). Estes autores mostraram que as sementes de frutos maduros de *Zanthoxylum zanthoxyloides* mantiveram uma viabilidade inicial de 2%, mesmo quando o teor de água foi reduzido para 3%. É possível que a baixa capacidade germinativa das sementes de frutos maduros não se deva à intolerância à secagem, mas sim à dormência. Uma observação geral que pode ser feita no final deste estudo é que, em *Vitex doniana* e *Parinari curatellifolia*, as sementes recém-colhidas não germinam, qualquer que seja o estádio de maturação do fruto de onde são retiradas. Segundo Como (1993), o teor de água abaixo do qual as sementes morrem depende da espécie em causa, e situa-se entre 25 e 50% da matéria seca. Além disso, a germinação deve ocorrer rapidamente após a queda das sementes, caso contrário elas não sobreviverão. As sementes não têm tempo de repouso e podem muitas vezes germinar na árvore ou no fruto onde estão encerradas. Tendo em conta a lentidão da germinação das sementes das espécies estudadas e o facto de as sementes secas contendo até 5% de água germinarem mesmo a baixos níveis, pode concluir-se que as sementes das três espécies estudadas não são sementes recalcitrantes. Tendo em conta os resultados obtidos nesta parte do nosso estudo, pensamos que as sementes das três espécies têm dificuldade em germinar. Estas dificuldades podem ser devidas à dormência e/ou a outros factores que impedem a germinação. Por exemplo, é difícil dizer com certeza a que categoria pertencem as sementes destas espécies.

Foto 1: Rebentos jovens de *Vitex doniana* a partir de sementes obtidas de frutos maduros secos com 4% de água.

2.2 Isotérmicas de absorção de água pelas sementes das espécies estudadas.

A curva isotérmica de absorção de água é a projeção do teor de água das sementes em equilíbrio sobre a humidade relativa do ambiente, que corresponde ao mesmo equilíbrio. Existe, portanto, uma correlação positiva entre o teor de água das sementes e a humidade relativa do ar. No presente estudo, o teor de humidade de equilíbrio das sementes das três espécies armazenadas no ambiente com a humidade relativa mais baixa foi quase idêntico. No entanto, para as sementes armazenadas num ambiente com humidade relativa elevada, verificaram-se grandes diferenças no teor de água de equilíbrio das diferentes espécies. Nestas condições, o teor de água das sementes de Zanthoxylum zanthoxyloides é significativamente inferior ao das sementes *de Parinari curatellifolia* e *Vitex doniana*, que são semelhantes. Em condições em que a humidade relativa excedeu 15%, verificou-se uma clara mudança para baixo *na* isotérmica de absorção de água *das sementes de Zanthoxylum zanthoxyloides* (Figura 4).

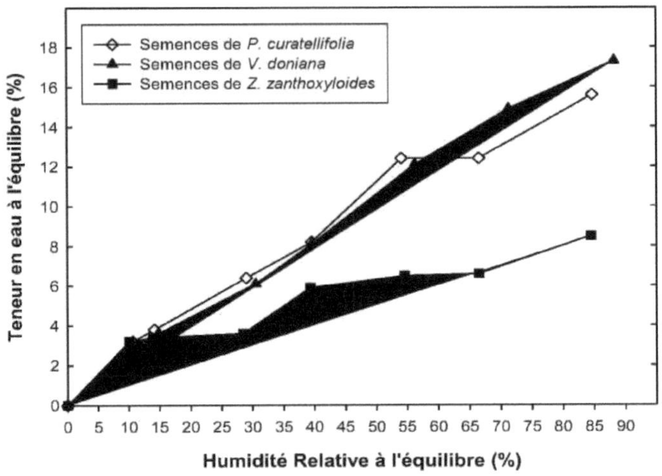

Figura 4: Isotermas de absorção de água pelas sementes de *Parinari curatellifolia, Vitex doniana e Zanthoxylum zanthoxyloides*.

As sementes das três espécies são obtidas a partir dos frutos maduros de cada espécie. Esta tendência na isoterma de absorção de água pelas sementes de Zanthoxylum zanthoxyloides pode ser explicada pelo maior teor de gordura nas sementes desta espécie em comparação com as sementes das outras duas espécies. Segundo Vertucci e Leopold (1986), a forma da curva isotérmica varia de acordo com a composição química das sementes. Sementes com alto teor de óleo apresentam um baixo teor de água de equilíbrio para uma dada umidade relativa, pois absorvem menos água. As isotérmicas de absorção de água obtidas para estas espécies podem ser divididas em três zonas. A zona I, que se situa entre 0 e 11% de humidade relativa para as sementes de todas as espécies consideradas. Esta zona corresponde a um teor de água entre 0 e 3%. Vertucci e Leopold (1986) descreveram a zona I como uma zona de baixa atividade fisiológica de todos os tipos. A água contida nas sementes nesta zona é difícil de eliminar (água ligada). A secagem nesta zona não tem qualquer efeito positivo sobre a longevidade das sementes e pode mesmo ser prejudicial (Vertucci e Leopold, 1986). A zona II estende-se de 11 a 65% de humidade relativa. Esta zona corresponde a um teor de humidade de 3 a 12% para as sementes de Parinari curatellifolia e de Vitex doniana, em comparação com um teor de humidade de 3 a 6% para as sementes de Zanthoxylum zanthoxyloides. Nesta zona, as sementes contêm água fracamente ligada e também uma pequena quantidade de água livre, que pode ser eliminada durante a secagem. Nesta zona, podem ocorrer processos de envelhecimento e quanto maior for a humidade relativa, maiores serão os danos (Vertucci e Leopold, 1986). A zona III varia de 65% a 100%, com um teor de humidade de 12-18% para as sementes de Parinari curatellifolia e Vitex doniana e de 6-9% para as sementes de Zanthoxylum zanthoxyloides. Nesta zona, os danos causados pela senescência podem ser reparados se o ambiente contiver oxigénio suficiente. O teor de humidade recomendado para o armazenamento a frio de sementes a longo prazo é de 5% (FAO, 1992). As isotérmicas de absorção de água estabelecidas para certas espécies podem ser utilizadas para determinar a humidade relativa a que as sementes devem ser armazenadas (secas) para obter um teor de humidade ótimo durante o armazenamento. Para as três espécies estudadas, recomenda-se que as sementes sejam secas a uma humidade relativa de 10-30% para as sementes de Parinari curatellifolia e Vitex doniana e de 10-65% para as sementes de Zanthoxylum zanthoxyloid, a fim de atingir o teor de humidade ótimo recomendado para o armazenamento a longo prazo. As isotérmicas de absorção de água destas três espécies podem também ser utilizadas para estimar o teor de humidade das sementes no campo durante a colheita e o armazenamento, através da medição da humidade relativa do ambiente. A determinação das isotérmicas de absorção de água das sementes, um método indireto de estimativa do teor de humidade das sementes, não é destrutiva, é rápida e fácil de utilizar. Por conseguinte, apresenta certas vantagens para os técnicos de sementes em relação ao método tradicional de estimativa do teor de água das sementes.

CONCLUSÃO

Com base nos resultados dos testes de resistência à dessecação, pode afirmar-se que: as sementes de Vitex doniana, qualquer que seja o seu estado de maturação, conservam a sua viabilidade inicial após uma secagem significativa até cerca de 4% de humidade, exceto que esta percentagem é muito baixa (2%). Apenas as sementes de frutos maduros secos a 4% germinaram a uma taxa relativamente elevada de 36%. Os frutos pretos desta espécie correspondem à fase óptima de colheita. Apenas as sementes dos frutos maduros de *Zanthoxylum zanthoxyloides* mantiveram a sua viabilidade inicial em cerca de 2% após a secagem, com um teor de água de cerca de 4,9%. As sementes *de Parinari curatellifolia,* quer frescas quer secas, não germinaram durante o estudo de viabilidade pós-secagem. Dada a pequena diferença entre a germinação de sementes frescas e secas destas três espécies, poder-se-ia argumentar que todas elas têm sementes resistentes à secagem. No entanto, as baixas taxas de germinação observadas para quase todos os lotes de sementes destas espécies indicam que as suas sementes apresentam dificuldades de germinação que devem ser compreendidas antes de abordar objetivamente a questão da sua resistência à secagem. Assim, não é possível, nesta fase da nossa investigação, classificar as sementes destas espécies numa outra categoria de sementes. Tal classificação exigiria estudos adicionais sobre as propriedades germinativas e a persistência dessas sementes. Recomendamos o estudo das caraterísticas germinativas das sementes destas três espécies com vista à sua domesticação.

Capítulo 3: INFORMAÇÕES GERAIS SOBRE A TECNOLOGIA DAS SEMENTES 1-Definição de sementes

As sementes são os precursores das gerações futuras. De acordo com Some (1991), o termo semente é suficientemente amplo para dar uma definição botânica precisa. No sentido mais geral do termo, Come (1970) refere-se às sementes como tudo o que é semeado e multiplicado. Isto inclui os frutos (inteiros ou parciais), as sementes, os esporos, os fragmentos de caule, os ramos, os botões, etc.

No contexto do nosso estudo, o termo "esperma" refere-se às sementes libertadas de todos os invólucros protectores do feto.

2- Germinação

2.1- Definição

A germinação é um processo complexo e contínuo que pode ser determinado de diferentes formas. Para um agricultor ou jardineiro que observa o comportamento das sementes colocadas no subsolo, a semente está germinada quando aparecem plantas jovens à superfície do solo. Para o fisiologista, a germinação é a retomada do desenvolvimento e do metabolismo (absorção de água, respiração, atividade enzimática, etc.) do embrião da semente. Segundo Guyot (1978), citado por Gampine (1992), a germinação, primeira fase da vida vegetal, é o nascimento de um rebento jovem à custa da semente. No contexto dos ensaios laboratoriais, a ISTA (2007) define a germinação como o período de emergência de uma plântula, seguido do seu desenvolvimento até um estádio em que o aparecimento dos seus órgãos principais indica se é ou não capaz de produzir uma planta viável em condições de campo favoráveis. No contexto do nosso estudo, a germinação corresponde ao aparecimento da radícula.

2.2- Condições de germinação

Uma semente só pode germinar se certas condições forem satisfeitas. Algumas dessas condições são internas, ou seja, ligadas à própria semente, enquanto outras são externas, ou seja, ligadas ao ambiente (Guyot 1978, citado em Gampine 1992). A germinação óptima varia consideravelmente de uma espécie para outra, e existe frequentemente uma interação entre estes diferentes factores que determinam a germinação (Neya 1999).

Literatura

Adetoro K. O., Bolanle J. D., Abdullahi S. B., Ahmed O. A., 2013. Efeito antioxidante de extractos aquosos de casca de raiz, casca de tronco e folhas de Vitex doniana in vivo em ratos com lesão hepática induzida por CCl4. Jornal da Ásia-Pacífico de Biomedicina Tropical, 3 (5): 395-400.

Arbonnier M., (2002). Árvores, arbustos e lianas nas terras secas da África Ocidental. CIRAD.MNHN .IUCN 573p

Amegbor K., Metowogo K., Eklu-Gadegbeku K., Agbonon A., Aklikoku K.A., Napo-Kura G., et al, 2012. Avaliação preliminar do efeito curativo da Vitex doniana sweet (Verbenaceae) em ratos. Revista Africana de Medicinas Tradicionais, Complementares e Alternativas, 9 (4): 584-590.

Bationo B.A. (2002). Regeneração natural e função do cimento de lignina nos contrafortes de Nazinon (Burkina Faso): Detarium microcarpum (Guill.et Perr), Afzelia africana (Sm), Isoberlinia doka (Craid et Stapf), Piliostigma thonningii (Sch Miln Redh) e Terminalia avicenioides (Guill et Perr). Ciclo 3em. Universite de Ouagadougou.165p.

Bellefontaine R., (1993). Pré-tratamento de sementes florestais. Problemas das sementes florestais, particularmente em África. Actas finais do simpósio do grupo de trabalho P.2.04.00 "Problemas de sementes" da IUFRO. Ouagadougou, Burkina Faso 23-28 de novembro de 1992. L.M. Some e M. de Kam (Eds). Backhuys,

Publishers, Leiden, Países Baixos.p.143-153.

Boussim et al, (2004), Boussim J.I., Lykke A.M., Nombre I., Nielsen I. e Guinko S. (2004). Plantes et environnement dans le Sahel occidental, rapport sur l'atelier de Fada N'gourma (Burkina Faso).333p

FAO (2003) Responding to agriculture and food insecurity by mobilizing Africa for FAO NEPAD programmes. Maputo, Moçambique.

Faye M.D., Weber J.C., Mounkoro B., Dakouo J.M., 2010. A contribuição das árvores de parque para os meios de subsistência das aldeias: um estudo de caso do Mali. Le développement dans la pratique, 20:428-434.

Gamene C.S., (1998), Conservation des semences orthodoxes, intermédiaires et recalcitrantes. IPGRI (INSTITUT DE RECHERCHE SUR LES RESSOURCES GÉNÉTIQUES). In Towards a regional approach to forest genetic resources in Sub-Saharan Africa. Actas do primeiro seminário regional de formação sobre a conservação e a utilização sustentável dos recursos genéticos florestais na África Ocidental, na África Central e em Madagáscar, 16-27 de maio de 1998, CNSF .Ouagadougou Burkina Faso. A.S. Ouedraogo e J.M. Boffa (Eds). IPGRI Roma, Itália. S. 162-169.

Gamene C.S. e Eriksen N.E. (2004) Storage behaviour of Khaya senegalensis seed from Burkina Faso.p. 9-15 in Comparative storage biology of tropical tree seeds. Sacande, M., Joker, D., Dulloo, M.E. e Thomsen, K.A. (eds): International Institute for Plant Genetic

Resources, Roma, Itália.

Gamene C.S., (1987). Contribuição para a criação de métodos simples de pré-tratamento e de conservação das sementes de algumas espécies lenhosas recolhidas no Burkina Faso. Dissertação final IDR/UO.96p.

Kranjac-Berisavljevic G., Gandaa B. Z., 2013. A importância das uvas do mato (Vitex spp.) como planta alimentar e medicinal para o povo de língua dagartiana da região do Alto Oeste do norte do Gana. Ata Horticulturae, 979: 669-673.

Nacoulma. O, 1996 ; Plantas medicinais e práticas medicinais tradicionais no Burkina Faso: caso do planalto central. Doutrina, vol. II; UO; 285 páginas.

Neya, O., Hoekstra, F.A. and Golovina, E.A., (2008) Mechanism of germination constraints imposed by the endocarp on Lannea microcarpa seeds. Seed Science Research 18. p. 13-24.

Neya, O., (2006). Conservação de sementes de árvores de regiões tropicais secas. Tese de doutoramento, Universidade e Centro de Investigação de Wageningen. Wageningen, Países Baixos, 159 páginas.

Neya O., (1999). Estudo das fases de desenvolvimento dos frutos de Neema (Azardirachta indica A. Juss). Mémoire de fm d'étude IDR 66p

Ouattara A., Coulibaly A., Adima A. A., Ouattara K., 2013. Estudo da atividade antistafilocócica dos extractos da casca do tronco de Vitex doniana (Verbenaceae). Revue académique de pharmacie, 2 (2): 94-100.

Sacande M., (1993). Efeito da luz e da temperatura na germinação de sementes de novas plantas florestais no Burkina Faso. CNSF. Pp180-191

Sanogo R., Karadji Avarga Halimatou H., Dembele O., Diallo R., 2009. Activite diuretique et sadiuretique d'une recette en medecine traditionnelle pour le traitement de l'hypertension arterielle. Mali Medical, 23 (4): 1-6.

Sakande, M., Golovina, E.A., Wang, A.K. e Hoekstra, F.A. (2001). Perda de viabilidade de sementes de nim (Azadirachta indica) em relação ao comportamento da fase da membrana. Jornal de botânica experimental 51, 635-643.

Sanon D.M., Gamene K.S., Sakande M. e Neya O., (2004). Dessecação e armazenamento de sementes de Kigelia africana, Lophira lanceolata, Parinari curatellifolia e Zanthoxylum zanthoxyloides do Burkina Faso. S. 16-29 in Comparative storage biology of tropical tree seeds, Sacande,M., Joker, D., Dulloo, M.E. e Thomsen, K.A. (eds): International Plant Genetic Resources Institute, Roma, Itália.

Vala K., Gelli A. K., Batavila K., Durma M., Sinsin B., Akpagana K., 2009. Sistemas agroflorestais tradicionais no Togo: variabilidade de acordo com as latitudes e as comunidades locais. IUFRO World Series, 23 : 21-27.

Yameogo , G. Yelemou, B. e Traore D. (2005). "Pratique et perception paysannes dans la création de parc agroforestier dans le terroir de

Vipalogo (Burkina Faso)", BASE [Online], Volume 9 (2005), 241-248

URL : http ://popups.ulg. ac.be/ 1780-4507/index.php?id=1404.

FSC
www.fsc.org
MIX
Papier aus verantwortungsvollen Quellen
Paper from responsible sources
FSC® C105338